U0240319

岭重慎

1957 年生于日本北海道札幌，在神户长大。现为京都大学研究生院教授。主要研究天文学中与黑洞相关的问题。除参与专业研究与教学外，还到盲人学校等机构授课，并参与天文学手语用词的修订工作。著有《黑洞天文学》《宇宙物理学入门》《开启认知开关的通识教育》等。

仓部今日子

1959 年生于日本新潟县。曾就职于设计公司，后开始创作铜版画，并每年举办个人画展。2017 年在镰仓开设了水平线画廊。其作品有《鹅妈妈》《海的铜版画》《寄居蟹小区的海底列车》《寄居蟹小区的节日庙会》《江之电列车》等。

著作权合同登记号 图字：01-2020-6211

图书在版编目（CIP）数据

黑洞 /（日）岭重慎著 ；（日）仓部今日子绘 ；戴黛译. —北京 ：北京科学技术出版社，2021.3（2023.12 重印）
ISBN 978-7-5714-1154-1

Ⅰ. ①黑… Ⅱ. ①岭… ②仓… ③戴… Ⅲ. ①黑洞－普及读物 Ⅳ. ① P145.8-49

中国版本图书馆 CIP 数据核字（2020）第 182500 号

策划编辑： 荀 颖
责任编辑： 张 芳
封面设计： 百年制作
图文制作： 百年制作
责任印制： 李 茗
出 版 人： 曾庆宇
出版发行： 北京科学技术出版社
社 址： 北京西直门南大街 16 号
邮政编码： 100035
ISBN 978-7-5714-1154-1

电 话： 0086-10-66135495（总编室）
0086-10-66113227（发行部）
网 址： www.bkydw.cn
印 刷： 北京博海升彩色印刷有限公司
开 本： 787mm × 1092mm 1/16
字 数： 38 千字
印 张： 3
版 次： 2021 年 3 月第 1 版
印 次： 2023 年 12 月第 5 次印刷

定 价： 45.00 元

黑　洞

〔日〕岭重慎◎著
〔日〕仓部今日子◎绘
戴　黛◎译

北京科学技术出版社
100层童书馆

你知道黑洞吗?

黑洞是宇宙中一种非常神秘的天体。

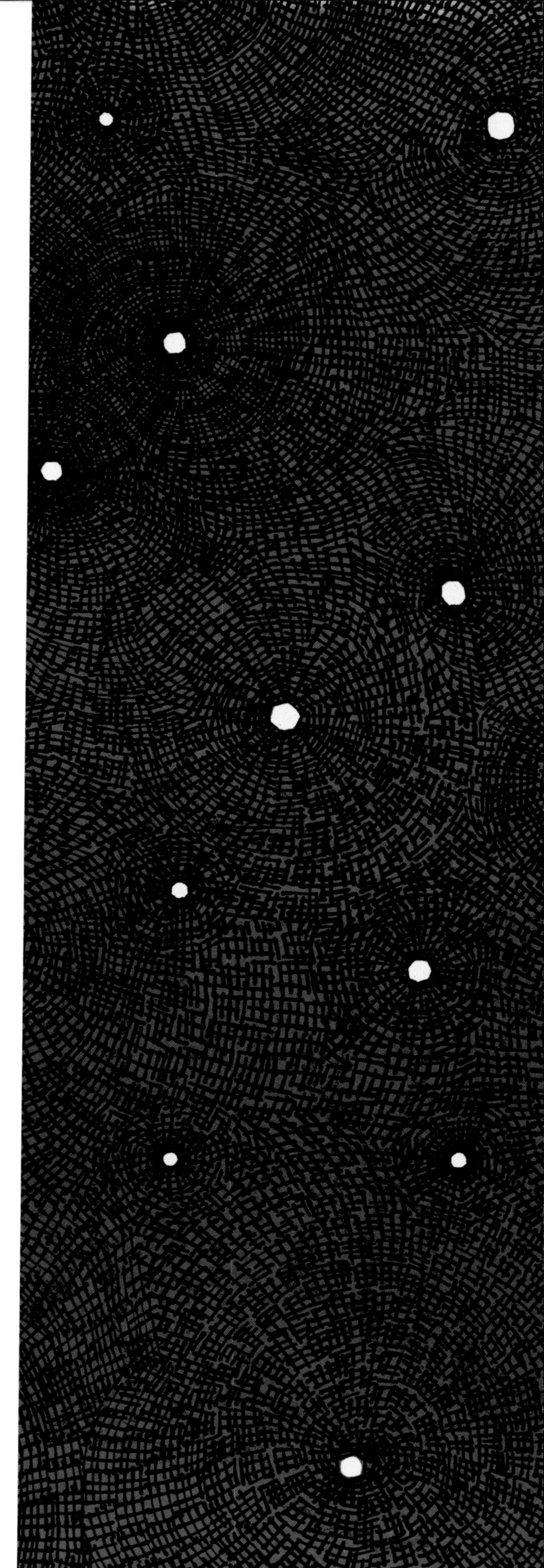

黑洞是一种能将一切物质都吸进去的“东西”。但与其称它为“东西”，不如称它为“地方”。

横滨

镰仓

常见的黑洞的直径大约为 50 千米。这么大的黑洞，刚好可以容纳一座小型城市。

东京

其实，宇宙中有很多黑洞。我们居住的地球，位于名为银河系的星系中。据说，银河系中的黑洞超过 100 万个，也有人认为远不止这些。

但是请放心，地球附近并没有黑洞。

黑洞能将它周围所有的东西都吸进去。人要是恰巧在黑洞附近，可能一瞬间就被吸进去。

而且，在被吸入黑洞的过程中，人越靠近黑洞就被拉伸得越细长，最后就像细细的意大利面条那样了。

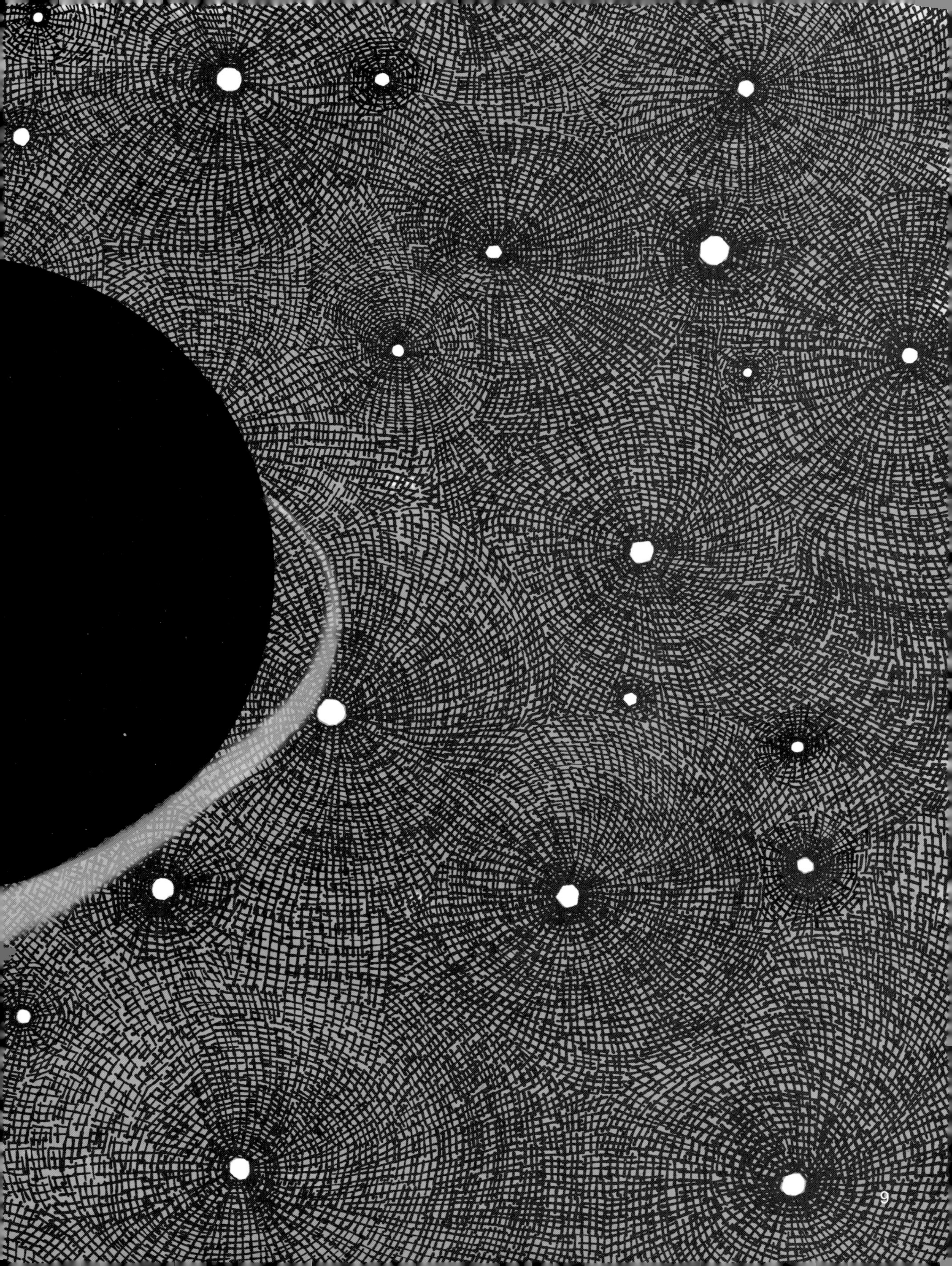

那么，能把一切都吸进去的黑洞，到底是如何把东西吸进去的呢?

是像磁力极强的磁铁那样把东西吸进去，

还是像吸尘器那样把东西吸进去?

又或者，让东西顺着一个我们看不见的、
像滑梯那样的装置“滑”进去?

正确答案是让东西像滑滑梯那样“滑”进去。当然，并不是说真的有一条滑梯通往黑洞，而是有一股类似于让我们从滑梯上滑下来的力在发挥作用。

我们能从公园里的滑梯上滑下来，是因为地球对我们有引力，这种力会将我们的身体向下拉。

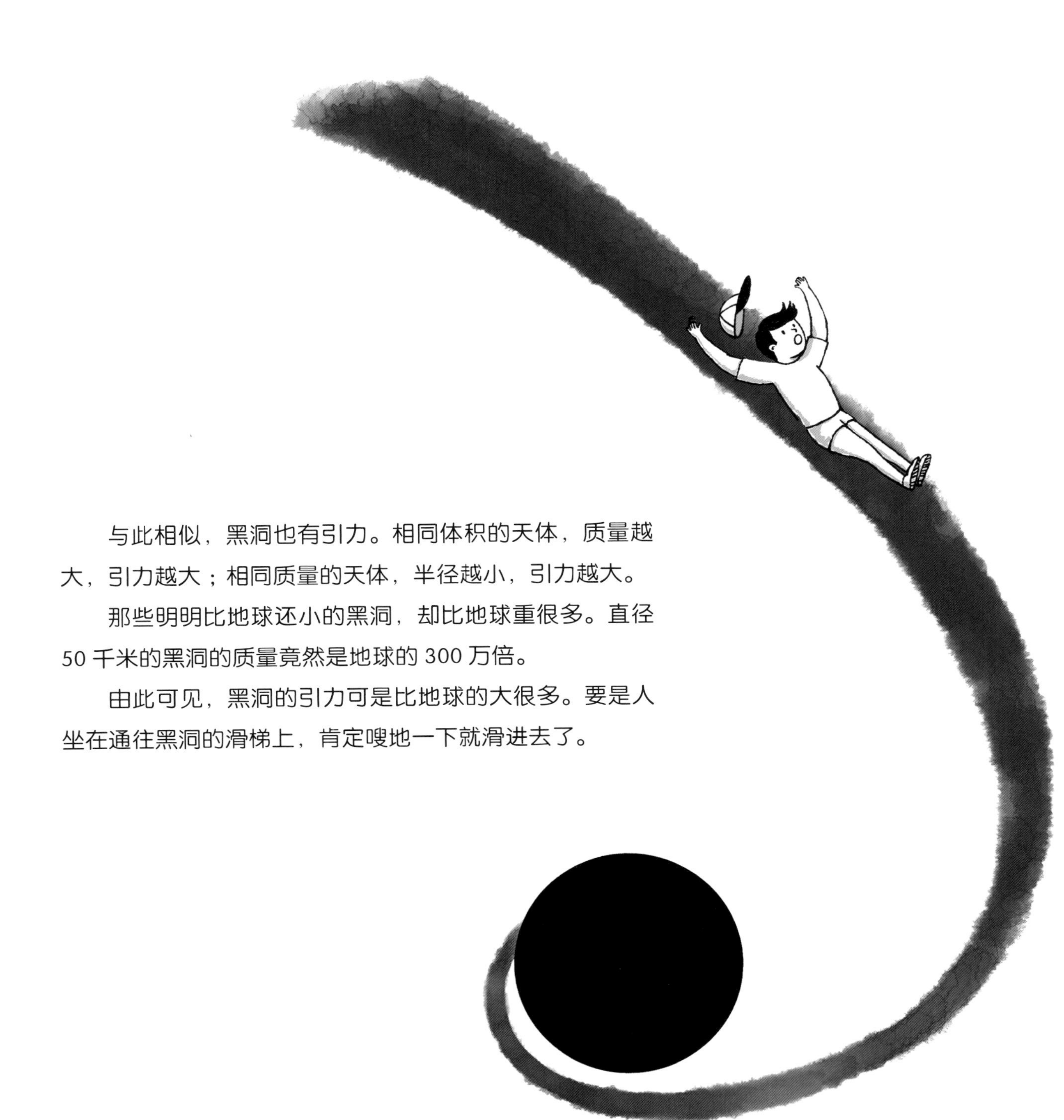

与此相似，黑洞也有引力。相同体积的天体，质量越大，引力越大；相同质量的天体，半径越小，引力越大。

那些明明比地球还小的黑洞，却比地球重很多。直径 50 千米的黑洞的质量竟然是地球的 300 万倍。

由此可见，黑洞的引力可是比地球的大很多。要是人坐在通往黑洞的滑梯上，肯定嗖地一下就滑进去了。

物体一般都是转着圈被黑洞吸进去的。

黑洞的引力有多大呢?

现在我们试着想象一下，如果地球的引力逐渐变得和黑洞的那样大，会发生什么。

小男孩正轻松地跳着绳。

引力稍微增大一些。小男孩突然觉得身体变得很沉重，跳不动了。

引力再增大一些。

就算从地面发射火箭……

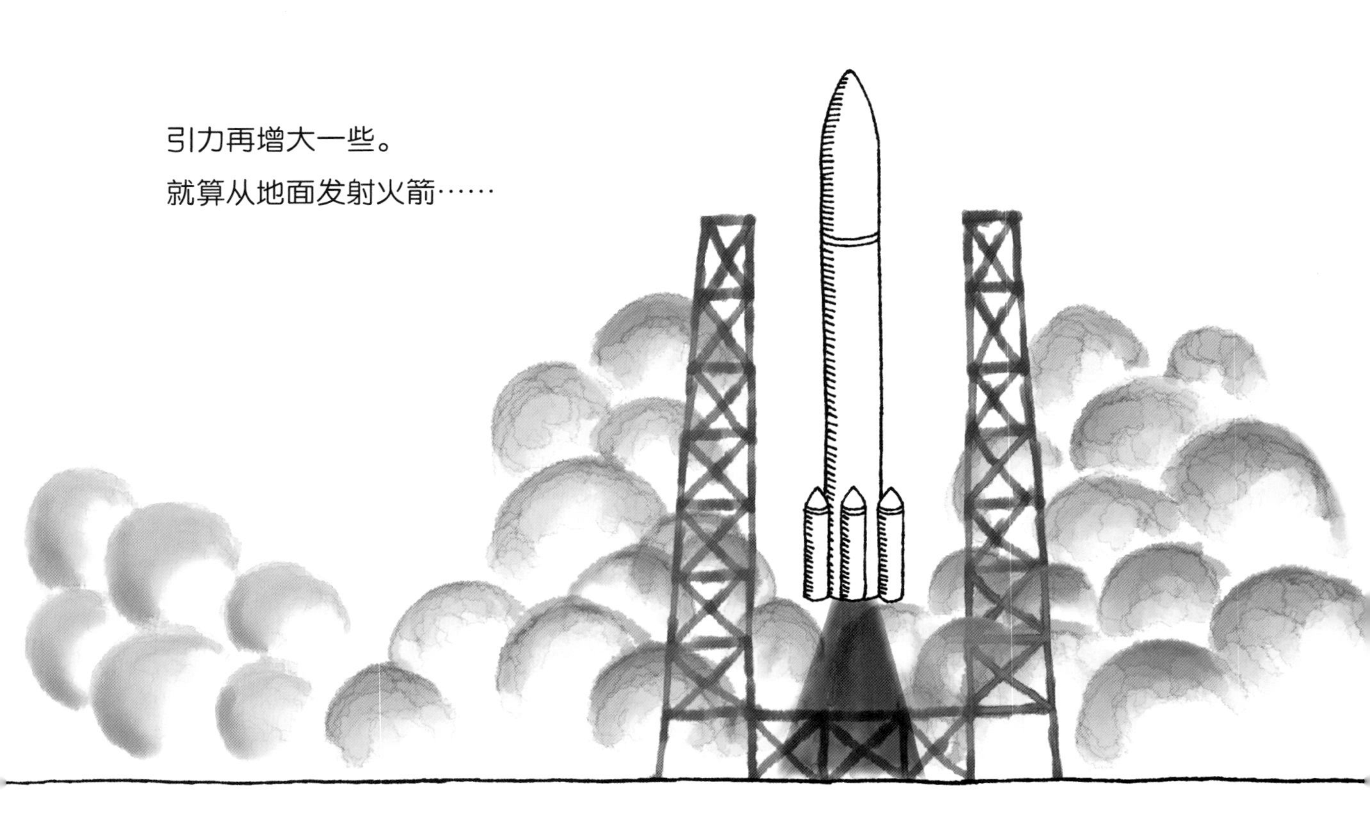

……火箭也会立刻掉下来。

人类再也无法离开地球遨游宇宙了。

要是地球的引力一直这样增大下去又会怎么样呢？引力增大到一定程度后，地球上会变得一片漆黑。这是因为，在如此大的引力的作用下，我们周围的光也会被吸进地球的中心。

……到了这一步，可以说地球已经变成了一个黑洞。

（那时候，地球上的人在引力的作用下已经变扁了吧！）

强大的引力甚至能把光也吸进去。

所有的光粒子都被吸入黑洞中心，自然也就没有光能传到我们的眼睛里了，黑洞看上去也就一片漆黑了。

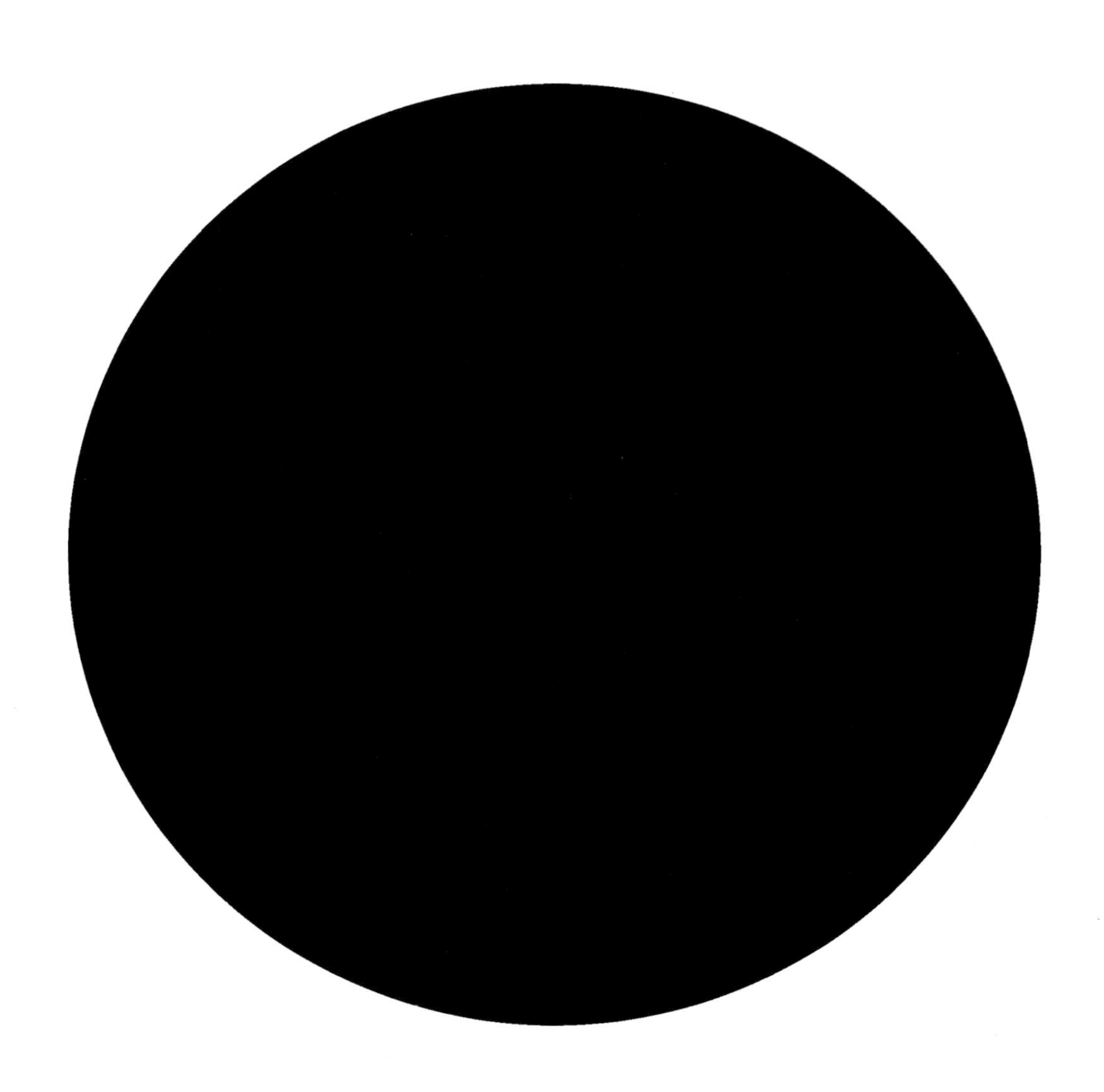

黑洞的实体位于黑洞中心，被称为奇点。所有的东西，包括光在内都会被吸进奇点。吸进了东西的奇点会有什么变化呢？现代物理学还无法解释。东西被吸进奇点后，会发生什么变化呢？被吸进去的东西又会到什么地方去呢？目前也没有人知道答案。

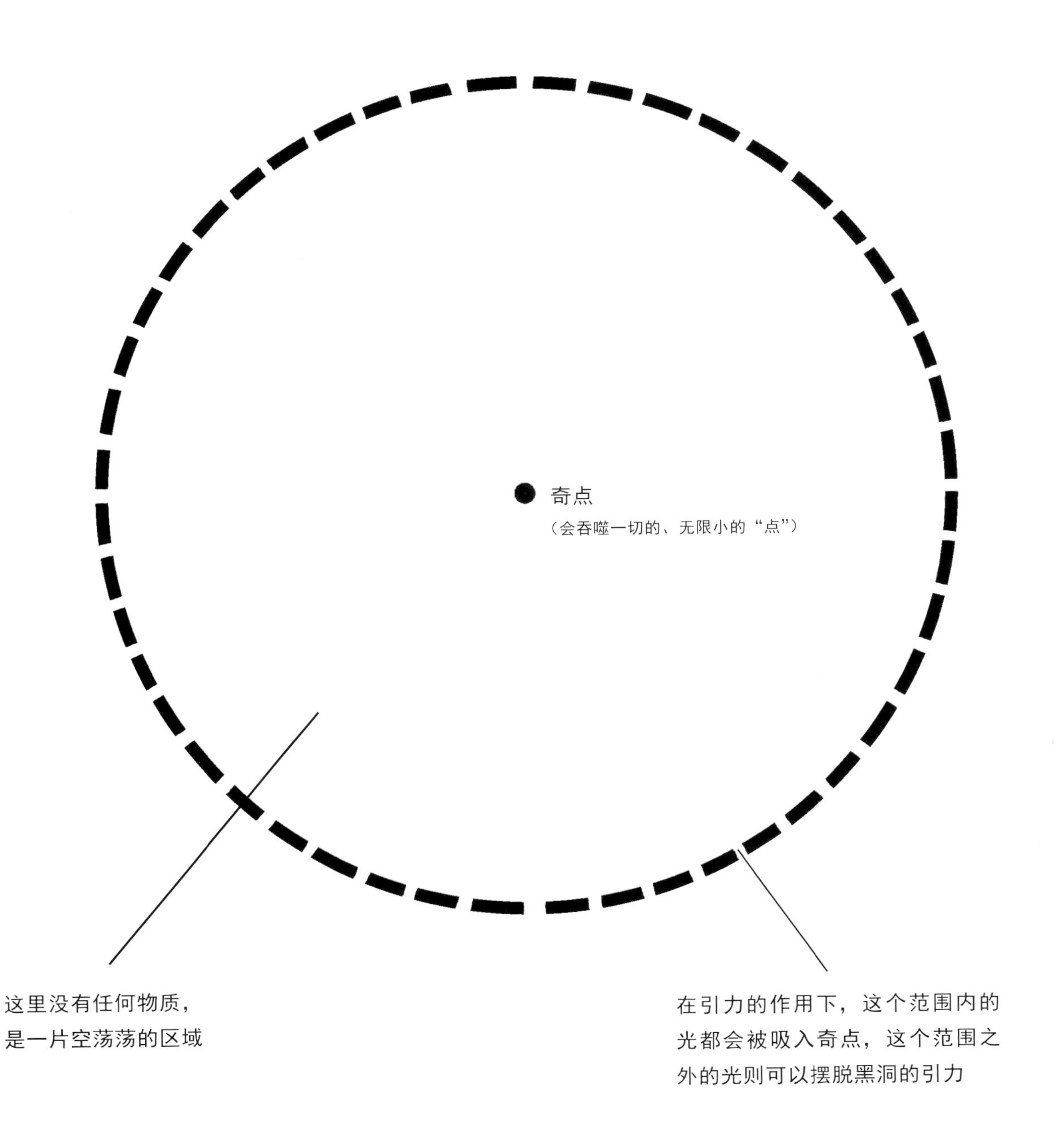
奇点
（会吞噬一切的、无限小的“点”）
这里没有任何物质，
是一片空荡荡的区域
在引力的作用下，这个范围内的
光都会被吸入奇点，这个范围之
外的光则可以摆脱黑洞的引力

黑洞是如何形成的呢？

黑洞本来是一颗很重很重的恒星。所谓恒星，是指像太阳这样不断自我燃烧并会发光的星球。

对较重的恒星来说，整个星球一直处于一种被勒紧的状态。因为对这些星球来说，不只星球内部，星球表面也承受着巨大的引力。

大家有没有这样的经历？你如果长胖了，穿去年的衣服，会觉得衣服变小了；就算勉强穿上了那件衣服，也非常难受，感觉身体被衣服紧紧勒住了。那些很重的恒星，大概不得不被“勒紧”吧。

那么，为什么这些恒星不会收缩呢？这是因为，这些恒星一直在燃烧，产生能量。这些能量能使整个星球变热，从而产生一股向外膨胀的力，与向内收缩的力相抗衡。

但随着星球走向死亡，星球核心的燃料也逐渐消失殆尽。没有燃料，无法燃烧，也就无法产生能量，因此星球核心逐渐冷却，向外膨胀的力也就不复存在了。所以，星球核心开始收缩。核心收缩得越来越小，星球密度就变得越来越大。

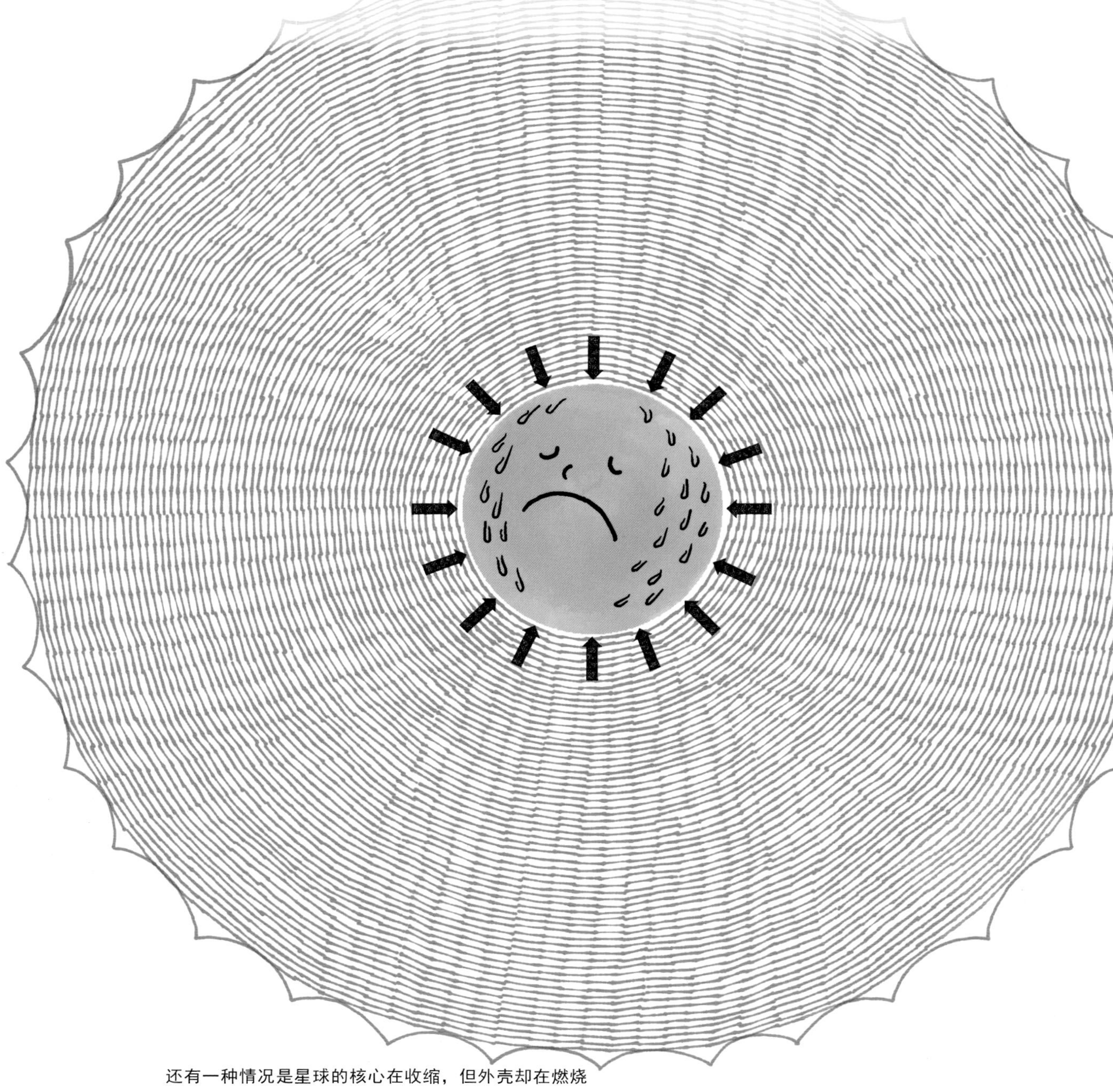

还有一种情况是星球的核心在收缩，但外壳却在燃烧并向外膨胀。因此整体来看，星球在不断变大。处于这种状态的星球被称为红巨星。

然后到了某个时刻，即星球核心承受不住向内收缩的力的时候，星球就会发生坍缩！

星球坍缩时，会一下子释放出巨大的能量，有时甚至会将整个星球炸飞。这种现象就是超新星爆发。

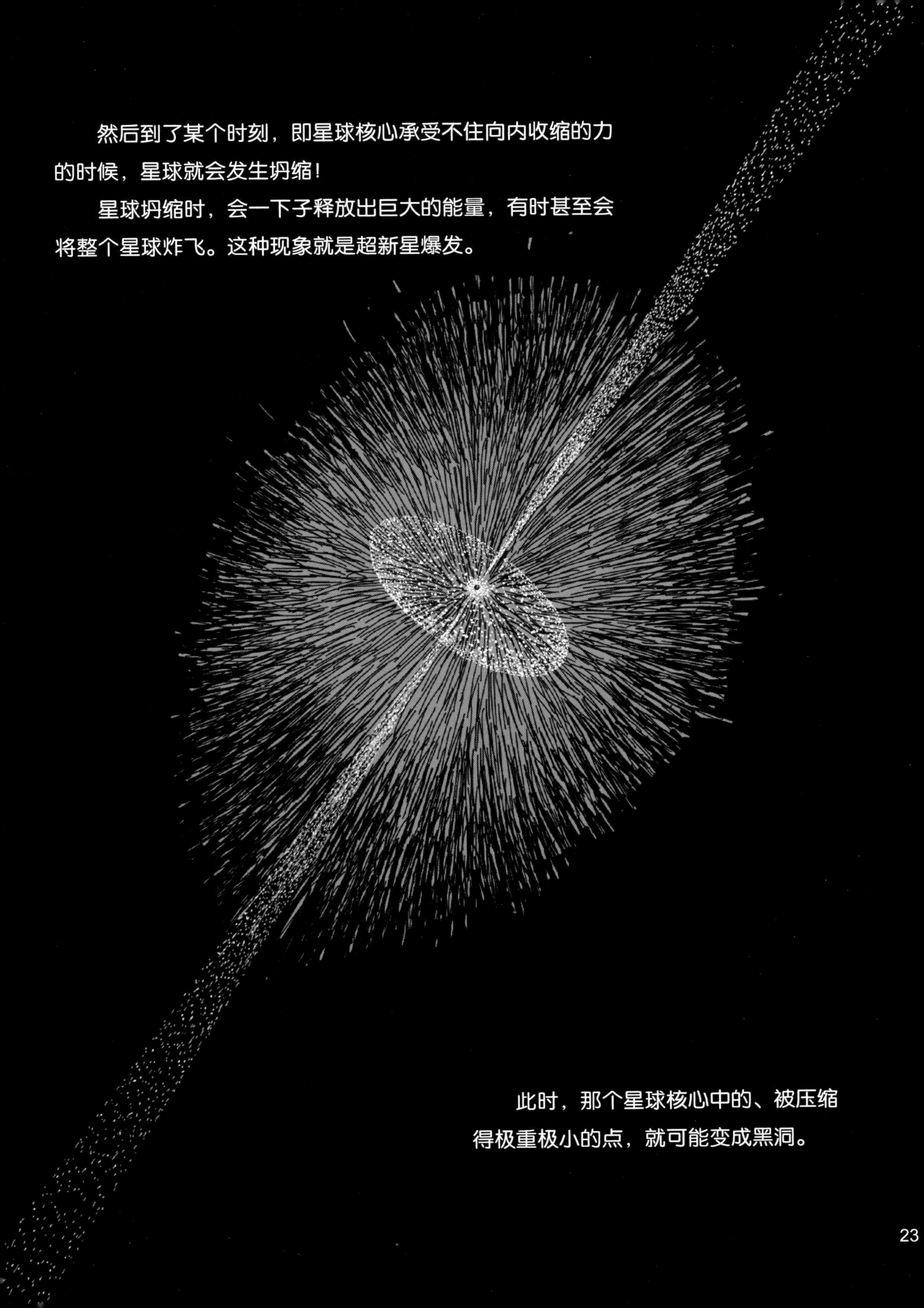

此时，那个星球核心中的、被压缩得极重极小的点，就可能变成黑洞。

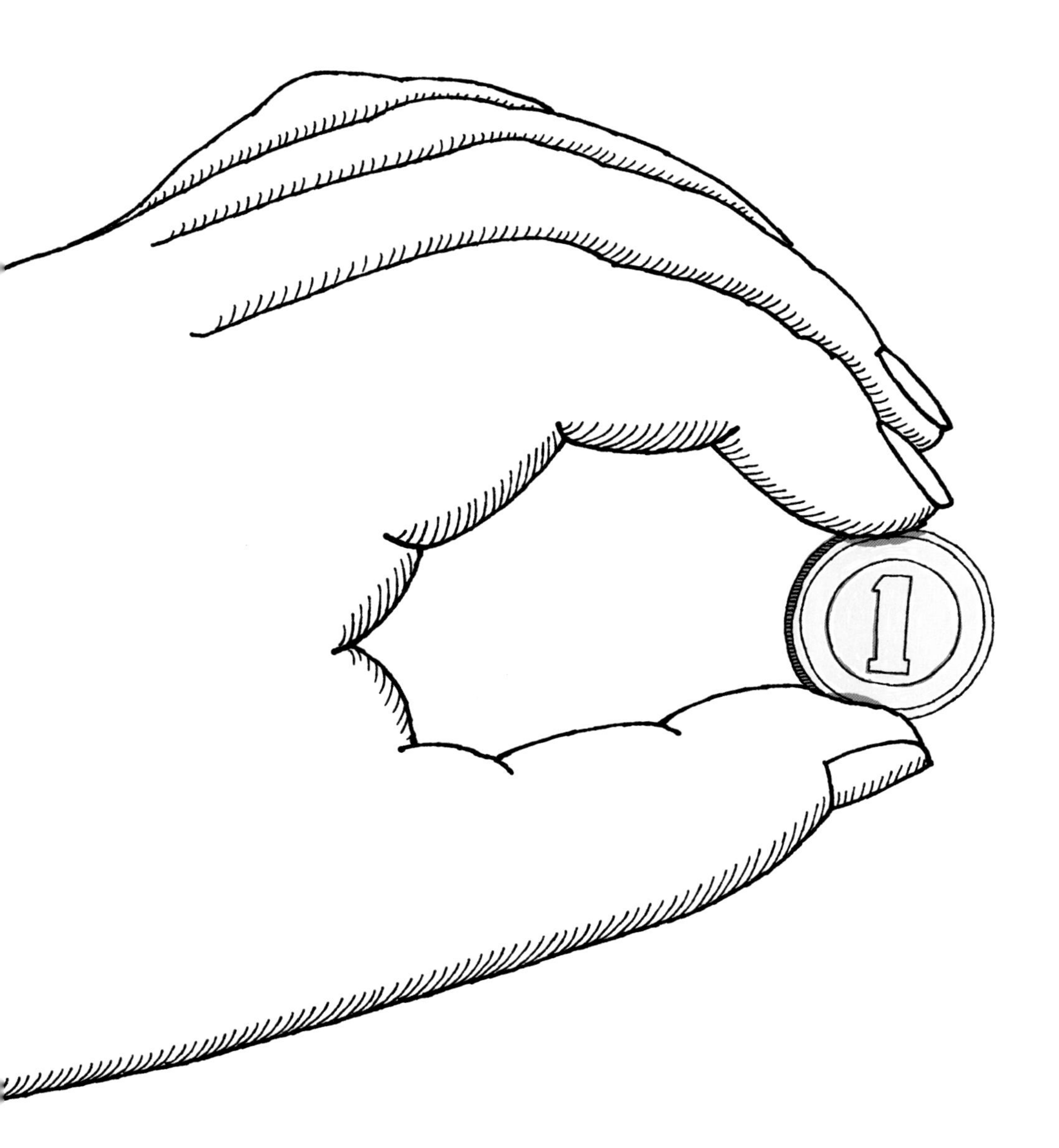

如果想让地球变成黑洞，就需要把地球压缩到 1 分硬币那么大。

黑洞就是把质量集中到狭小的一点的天体。

既然黑洞一片漆黑，科学家们又是如何在广袤的宇宙中发现黑洞的呢？

天冷的时候，把两手互相搓一搓是不是就会暖和起来？这是因为摩擦会产生热量。

黑洞吸入周围的气体时，也会因气体摩擦而升温。此时，黑洞的温度可达到 1000 万摄氏度以上。

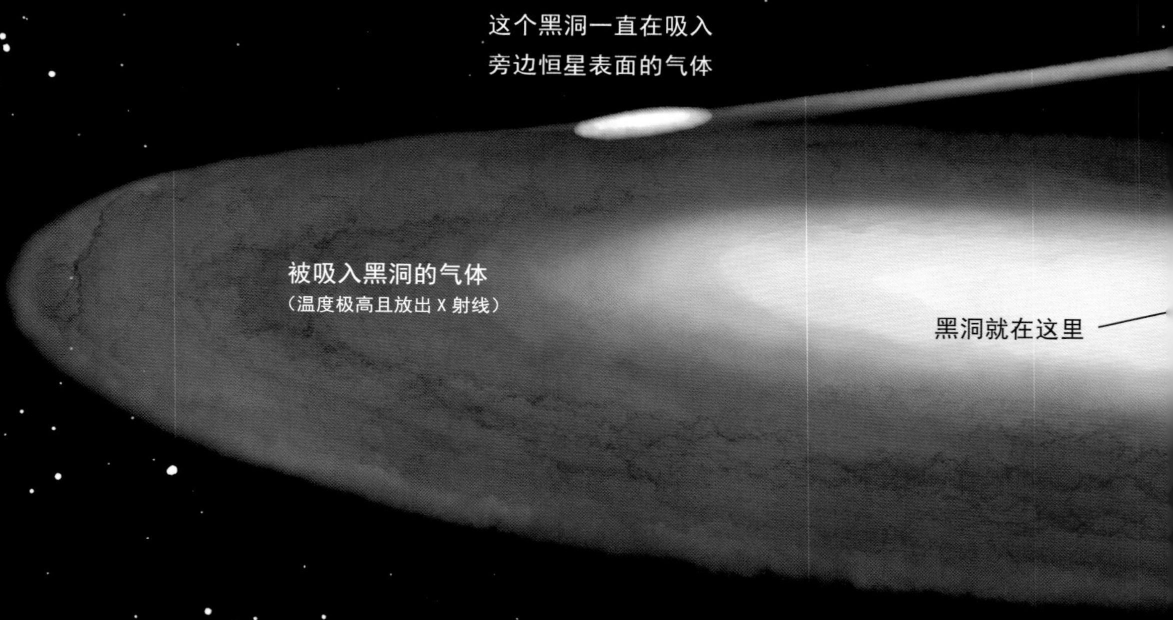

这个黑洞一直在吸入
旁边恒星表面的气体

被吸入黑洞的气体
（温度极高且放出 X 射线）

黑洞就在这里

还有其他的方法可以发现黑洞。黑洞附近的恒星会受黑洞引力的影响。通过观察这些恒星的运动轨迹，不仅可以确定其附近是否有不可见的黑洞存在，还能推算出该黑洞的质量。

本书后面将介绍超大质量黑洞，在计算这种黑洞的质量时，科学家们使用的就是这样的方法。

升至极高温度的气体会发射被称为 X 射线的电磁波。

人类虽然无法看见 X 射线，但可以利用一种叫作 X 射线太空望远镜的特殊望远镜观测到它。X 射线就是黑洞存在的证据。

一般的黑洞，大小能容纳一座城市。但是，人们发现银河系中还存在一个比普通黑洞大很多的黑洞。这个黑洞的直径约有2000个地球排成一列那么长。

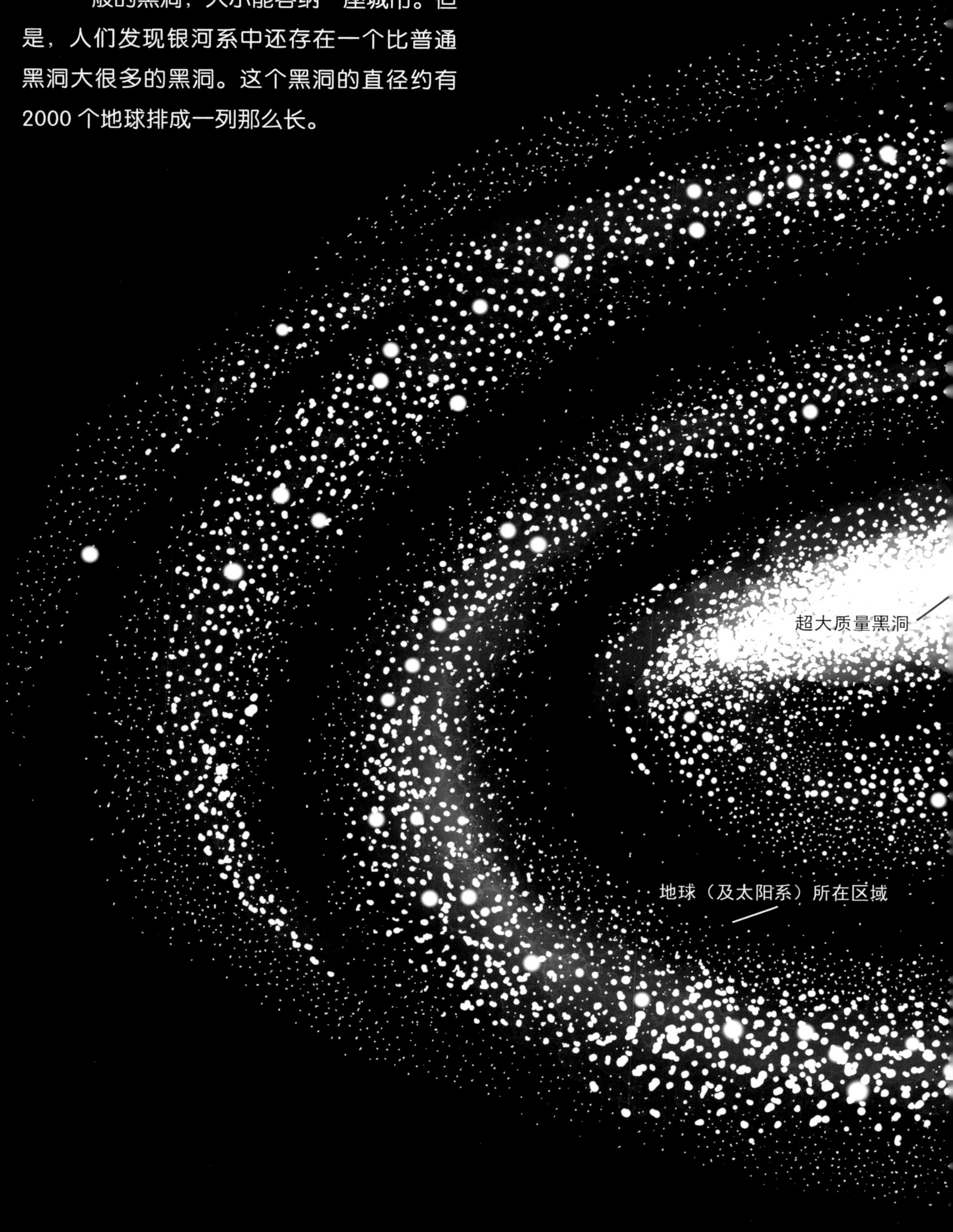

超大质量黑洞

地球（及太阳系）所在区域

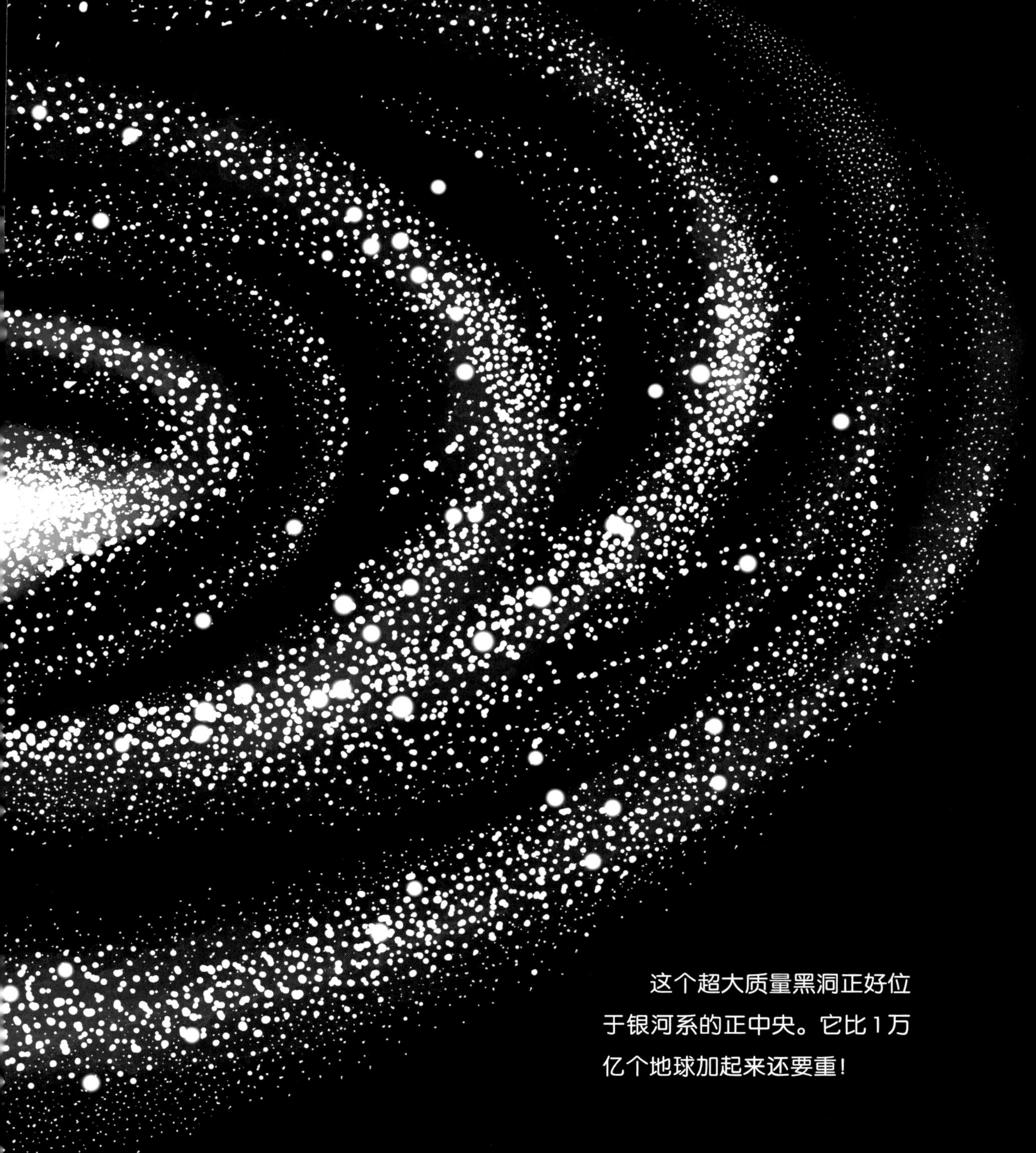

这个超大质量黑洞正好位于银河系的正中央。它比1万亿个地球加起来还要重！

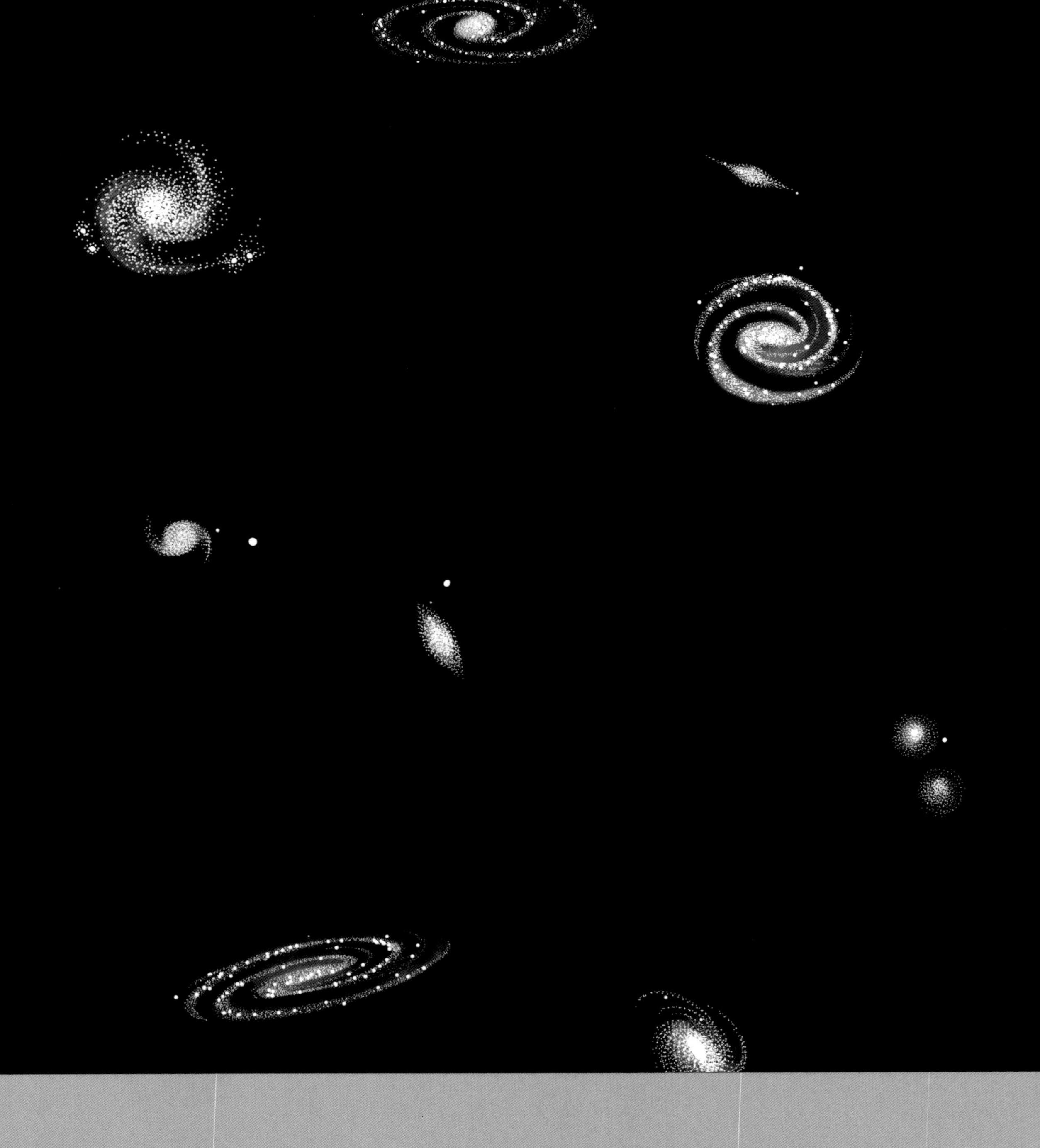

而且，宇宙中并不是只有银河系一个星系。事实上，宇宙中至少存在 2 万亿个星系。

中心的超大质量黑洞是如何诞生的。

科学家们发现，几乎所有星系的中心都会有超大质量黑洞。星系的形成很可能与黑洞有很大关系。

其实黑洞不仅仅会吸入气体和星球，还会把气体“吐”出来，这就好像打嗝一样。黑洞会把部分吞进去的东西一下子吐出来。

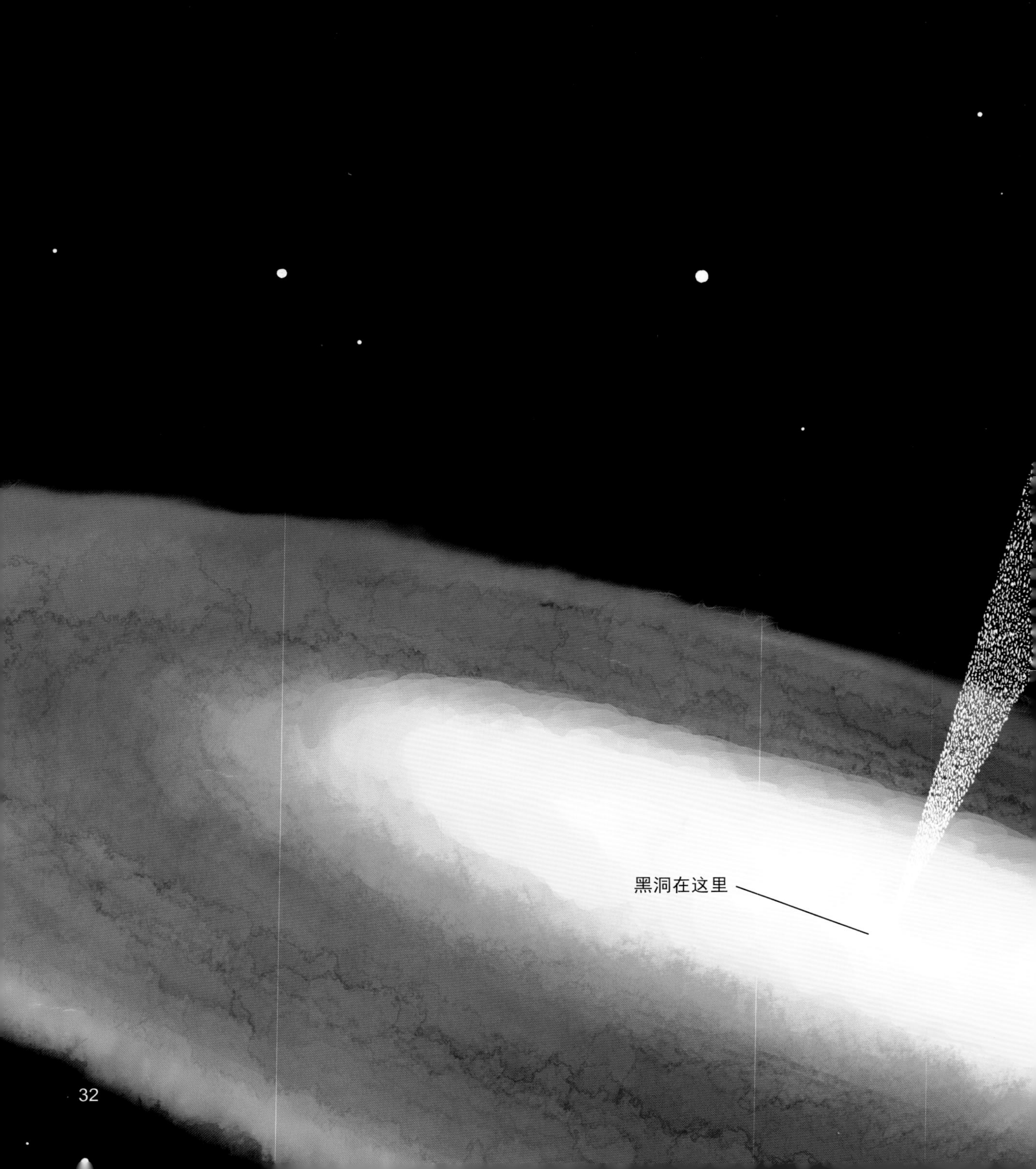

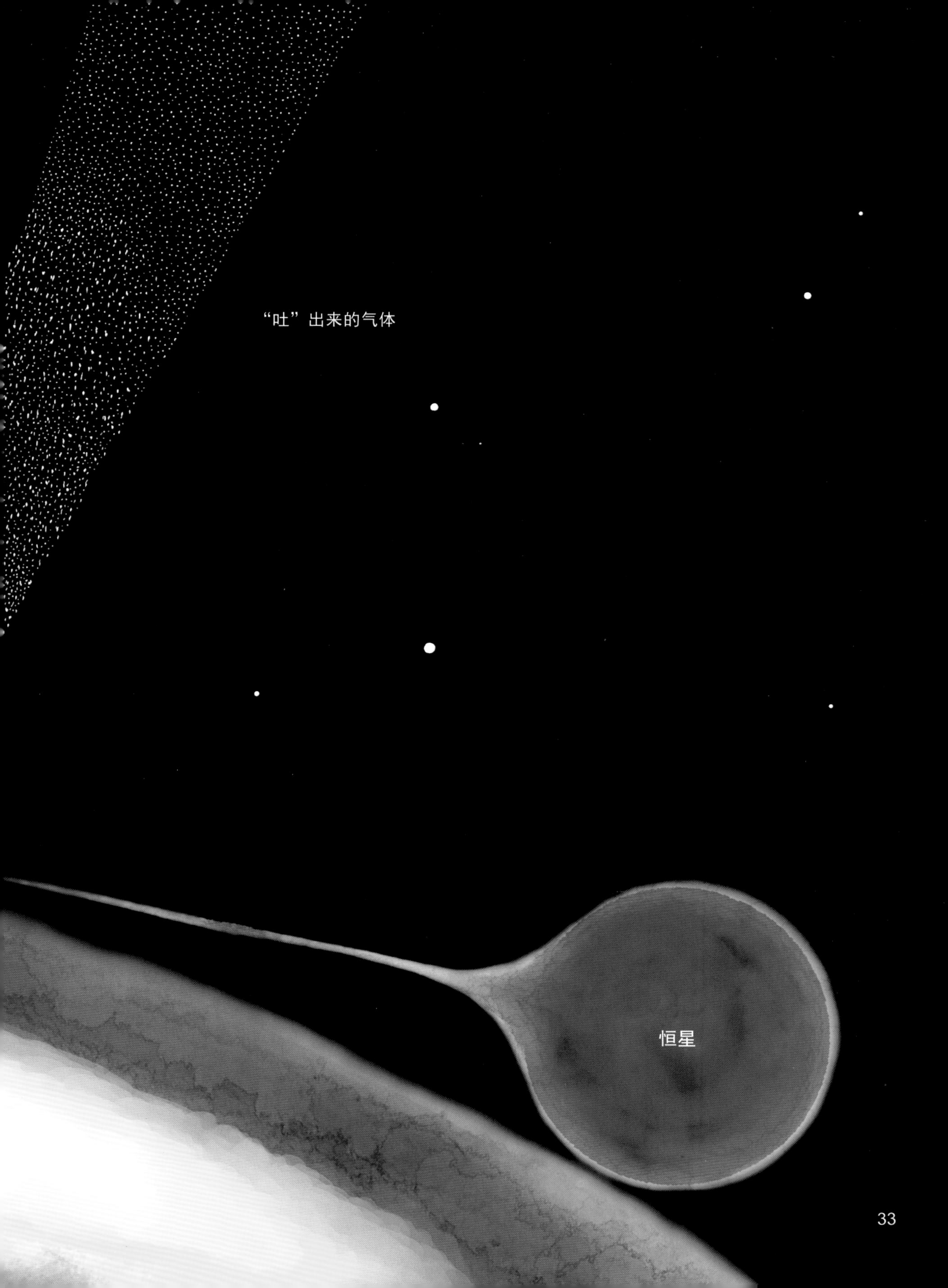

“吐”出来的气体

恒星

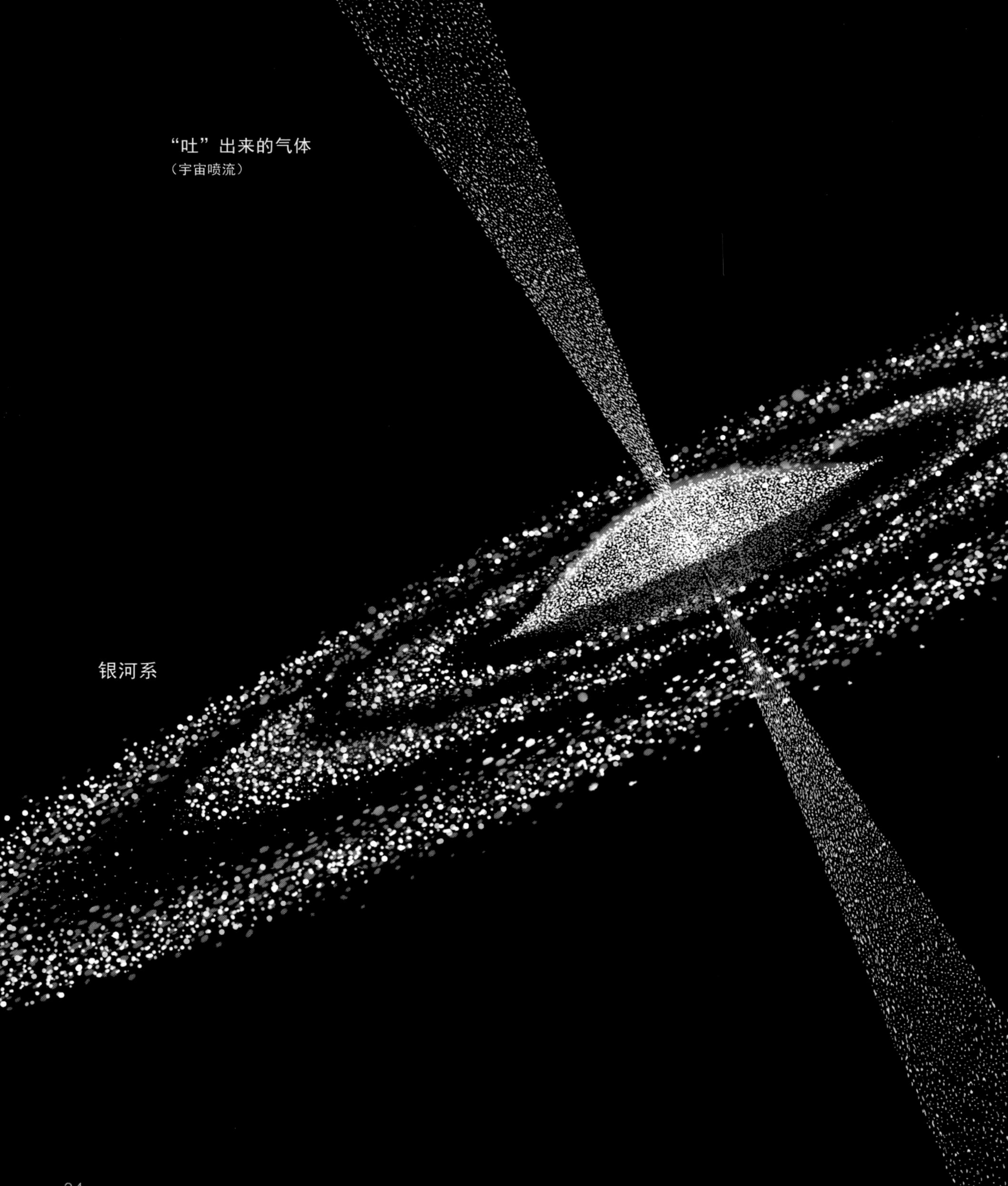
“吐”出来的气体
（宇宙喷流）
银河系

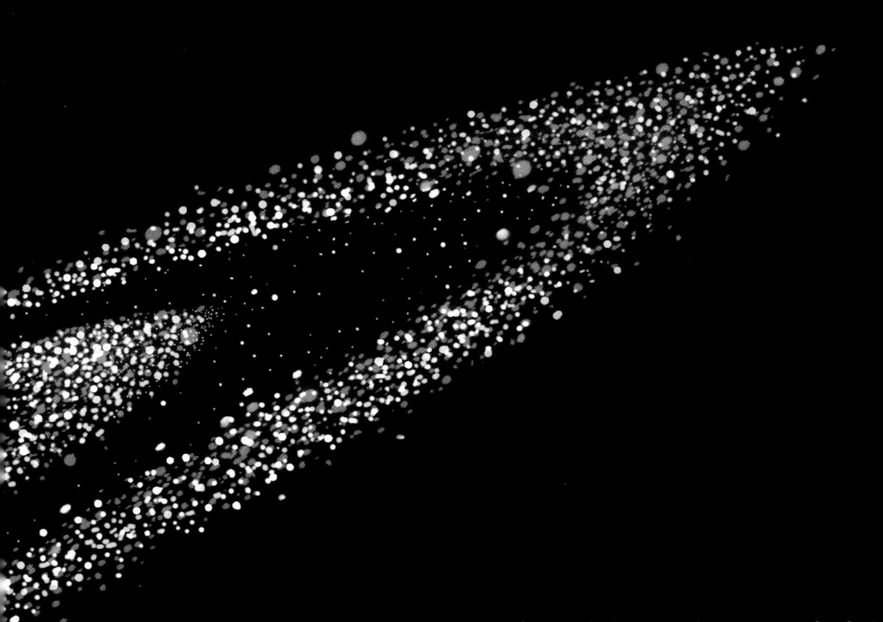

位于星系中心的超大质量黑洞也会把东西“吐”出来，形成所谓的宇宙喷流。宇宙喷流长度极其惊人，甚至可以穿透整个银河系。

科学家们认为，宇宙喷流在星球诞生的过程中可能发挥着重要作用。

黑洞的宇宙喷流射入宇宙空间时，会与宇宙中飘浮的气体发生碰撞。那些气体就会被压缩。压缩后的气体引力增大，就会将周围的物质吸引过来。科学家们认为这些聚集起来的物质最终很可能会形成一颗恒星。

新的恒星越来越多，就形成了星系。说不定，之所以能够形成现在的银河系，黑洞的宇宙喷流也帮了大忙呢。

最近，科学家们在地球上捕捉到了引力波。

引力波是一种人类无法直接感知到的、微小的时空震荡。

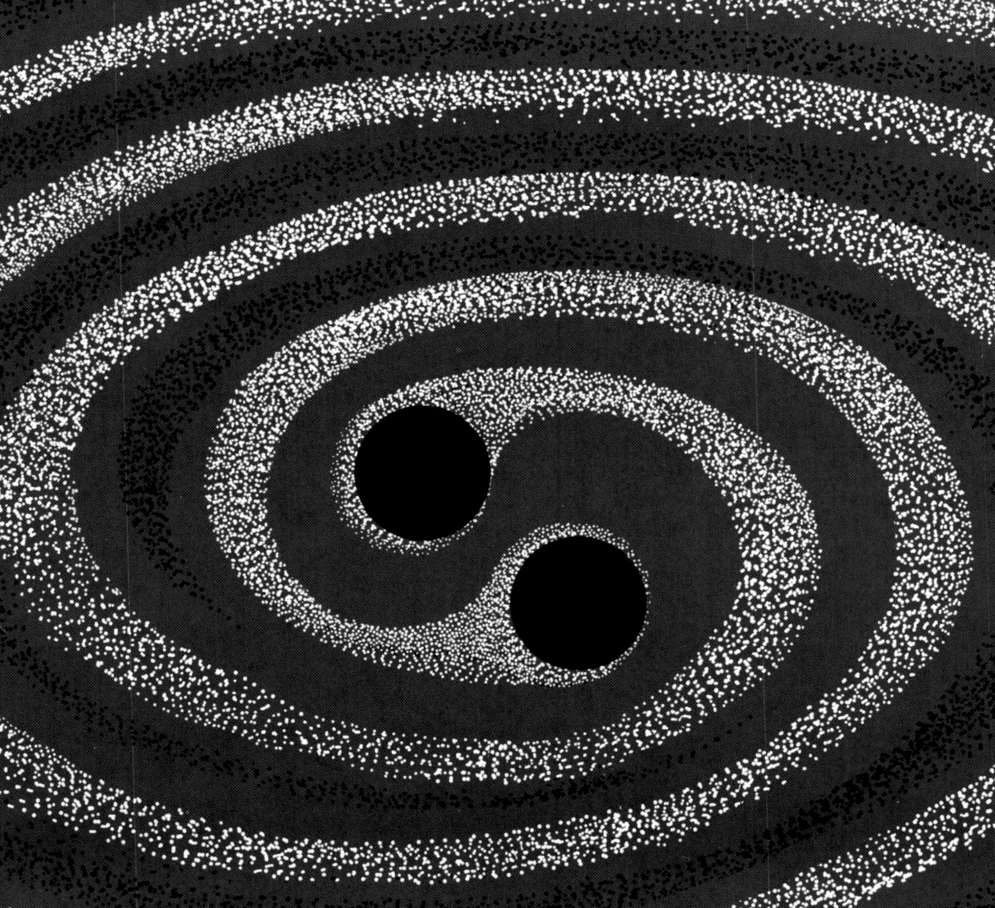

图中的两个黑洞即将合为一体，并释放出引力波。科学家们认为黑洞合体时会释放出强大的引力波。

科学家们曾经观测到一个 36 个太阳质量（即质量是太阳的 36 倍）的黑洞和一个 29 个太阳质量的黑洞合为一体、形成一个 62 个太阳质量的黑洞的过程。如果把两个黑洞的质量简单加在一起，新形成的黑洞的质量应该是 65 个太阳质量。（那么，少了的 3 个太阳质量去了哪里呢？）其实少了的 3 个太阳质量转化成能量，以引力波的形式释放了出去。

科学家们认为引力波是宇宙中两个黑洞碰撞并合二为一时产生的 。

可见，我们在地球上也能接收到由黑洞直接发出的信号。

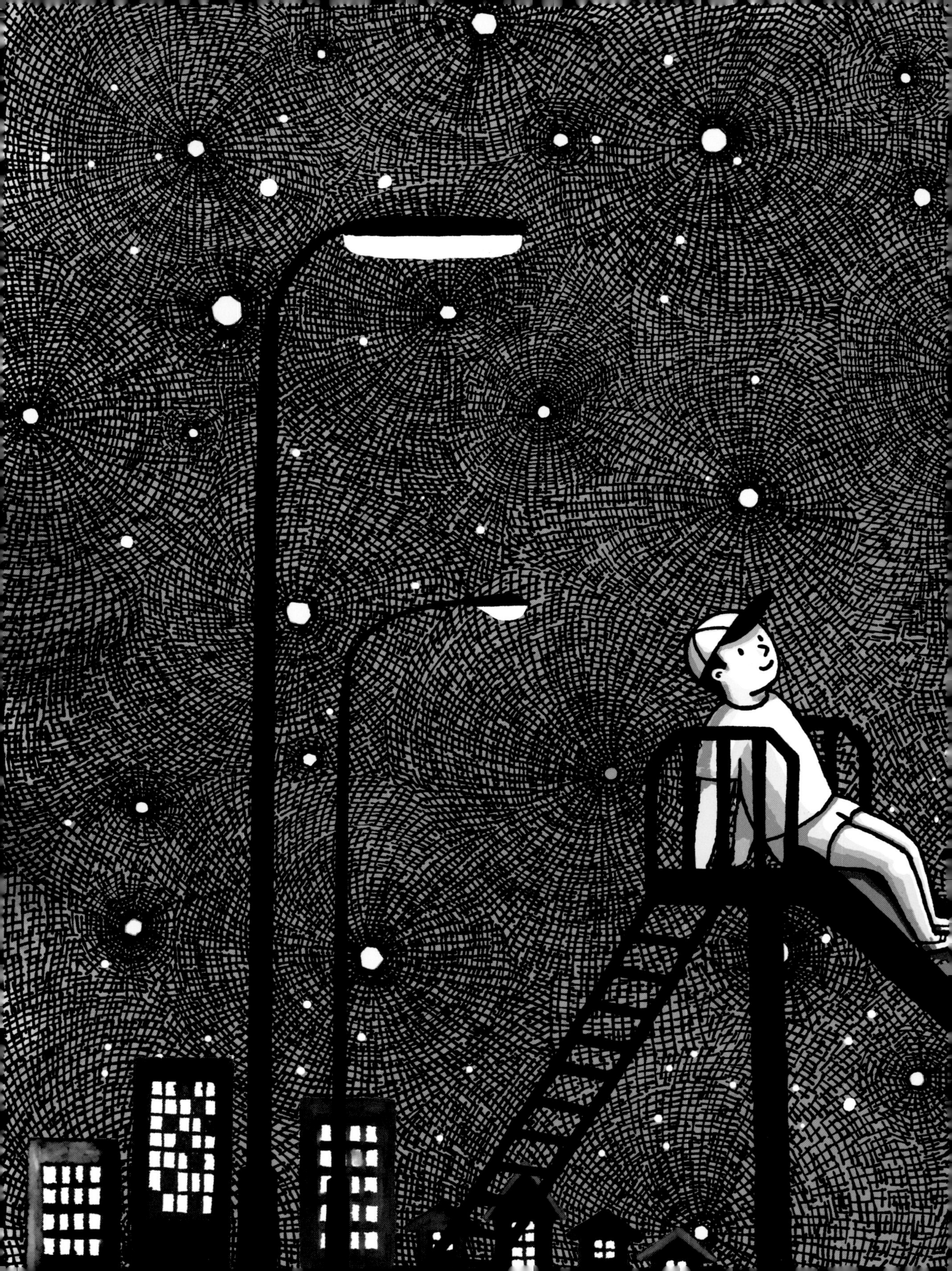

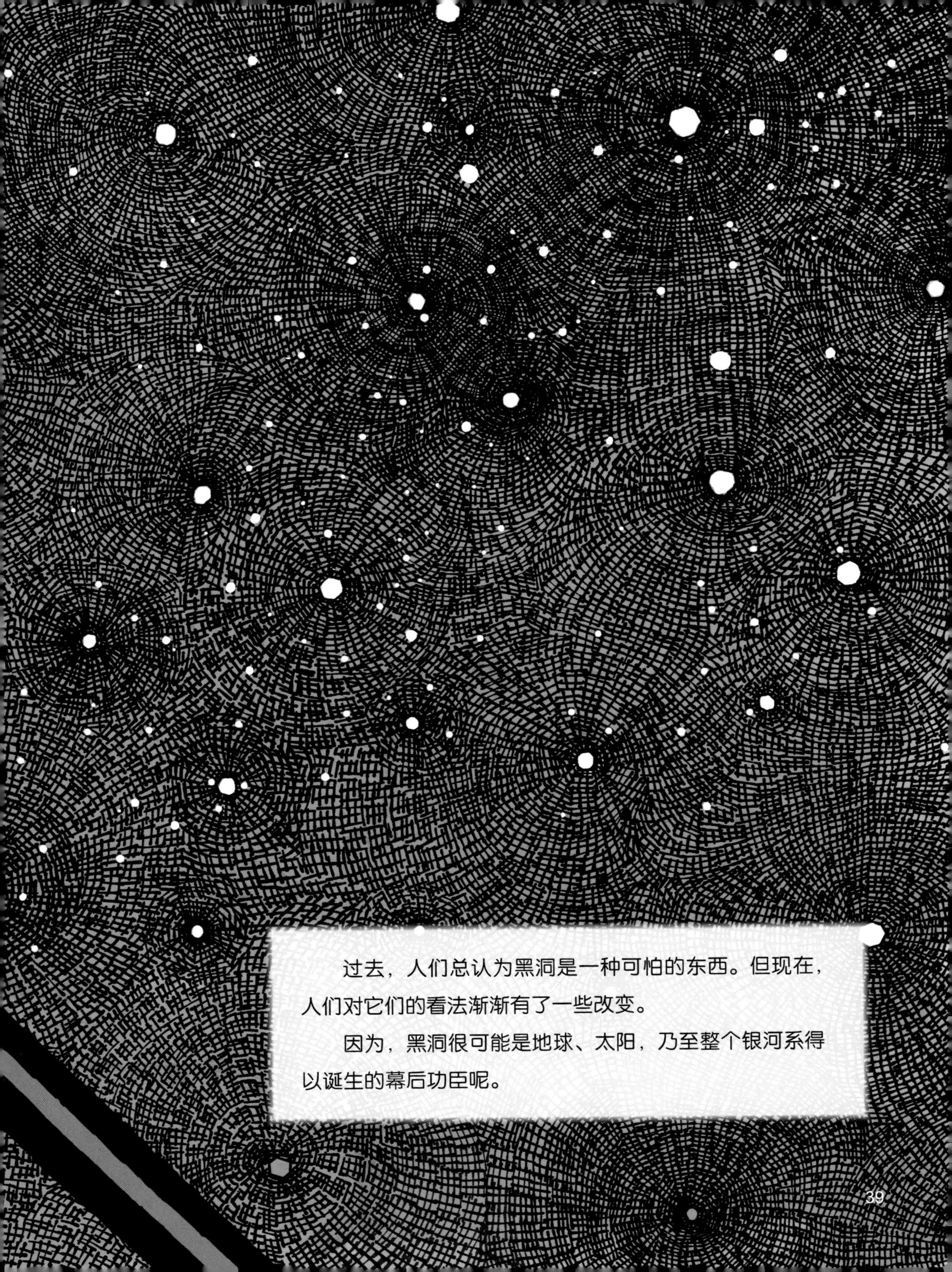

过去，人们总认为黑洞是一种可怕的东西。但现在，人们对它们的看法渐渐有了一些改变。

因为，黑洞很可能是地球、太阳，乃至整个银河系得以诞生的幕后功臣呢。

关于黑洞的未解之谜还有很多很多。

将来能解开这些谜题、找出答案的，说不定就是你！

对太空展开想象吧！

你想去太空里看看吗？想去，还是觉得很可怕所以不想去？目前只有极少数人能去太空，但在不久的将来，可能连普通人也可以去太空。

每当我要讲太空时，我总会先提醒大家："要是亲自到太空中去看一看，会是什么感觉呢？请大家一边想象，一边听我讲。"我认为先想象自己置身于太空，再去思考和感受是很重要的。

接下来就请你试着想象一下吧！假如你可以去太空中的任何地方，你想去哪里呢？想去看些什么呢？火星？土星？还是黑洞？

2019 年 4 月，媒体刊发了第一张黑洞照片。通过收集地球上多地射电望远镜观测的数据，人们首次得到了黑洞的图像。

但这其实只能算是迈出了第一步。要是能对黑洞进行进一步观测的话，也许就能看到气体被吸入黑洞时火花四溅的样子了。要是有机会，大家难道不想到黑洞附近去亲眼看看那种场面吗？

但是，考虑到靠近黑洞需要面对各种危险，比如黑洞向外发射的高强度 X 射线等，要想实现这个愿望，人类还需要制造出更坚固的宇宙飞船。

200 多年前，英国物理学家米歇尔和法国数学家、物理学家拉普拉斯最早提出有关黑洞的设想。但是，他们真的相信有黑洞存在吗？毕竟那时候，连"黑洞"这个词都还没出现呢。

100 多年前，爱因斯坦提出了一个非常了不起的理论——广义相对论。在这个理论的基础上，科学家们才终于开始认真地研究黑洞。即便如此，30 年前我开始研究黑洞的时候，研究黑洞的科学家也寥寥无几，还总是被人说"你们研究的东西可真够怪的"。现在，不仅不再有人质疑黑洞的存在，研究黑洞的科学家也多了起来。我想，今后随着对黑洞的研究越来越深入，也许终有一天人们能证明，迄今为止一直被当成"坏东西"的黑洞，其实对我们来说意义重大。

岭重慎